JEJU Travel
Contemplation Note

제 주 여 행

사
색
노
트

prologue

제주 여행,
사색 노트

여행은 반복되는 인생에 특별한 장면을 만들어주는 색다른 경험입니다. 새로운 곳에서 그 지역만의 문화를 체험하고 아름다운 자연경관을 즐기는 것만으로도 어느 순간 나 자신이 변화하고 성장하는 것을 느낄 수 있습니다. 여행을 시작하기 전에는 예상하지 못했던 영감을 얻고, 더 넓은 시각으로 세상을 이해할 수 있는 힘을 기르게 됩니다.

홀로 여행한 경험이 있으신가요?

혼자 하는 여행은 나를 위한 완전한 자유를 의미합니다. 자유로운 일정, 새로운 사람들과의 만남은 다음 페이지를 모르는 책을 펼칠 때의 설렘과 닮아 있습니다. 매 순간 오롯이 '나' 자신에게 집중한 선택은 그동안 몰랐던 새로운 나를 발견하게 합니다.

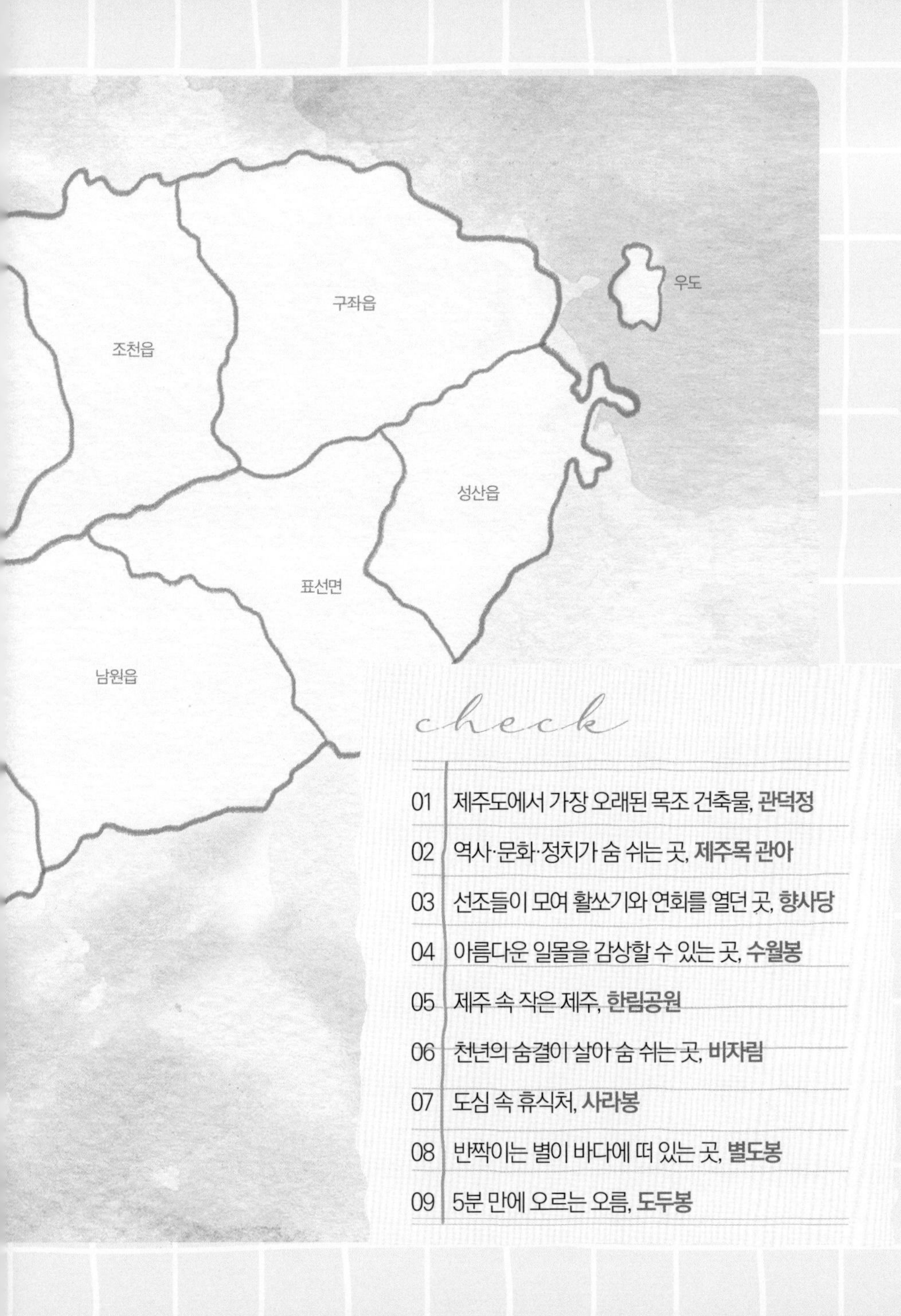

check

01 제주도에서 가장 오래된 목조 건축물, **관덕정**

02 역사·문화·정치가 숨 쉬는 곳, **제주목 관아**

03 선조들이 모여 활쏘기와 연회를 열던 곳, **향사당**

04 아름다운 일몰을 감상할 수 있는 곳, **수월봉**

05 제주 속 작은 제주, **한림공원**

06 천년의 숨결이 살아 숨 쉬는 곳, **비자림**

07 도심 속 휴식처, **사라봉**

08 반짝이는 별이 바다에 떠 있는 곳, **별도봉**

09 5분 만에 오르는 오름, **도두봉**

Travel Plan

Packing List

Check List

- [ ]
- [ ]
- [ ]
- [ ]
- [ ]
- [ ]
- [ ]
- [ ]
- [ ]
- [ ]
- [ ]
- [ ]

Memo

Day

Date

Route

숙소

영수증이나 입장권을 붙여주세요

Time Line

06:00

오늘 여행에서..

가장 많이 떠오른 사람

가장 많이 생각한 것

가장 기억에 남는 것

감사한 일

오늘 여행에서..

새롭게 깨달은 것

결심한 것

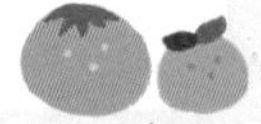

Day

Date

Route

영수증이나 입장권을 붙여주세요

Time Line

06:00

오늘 여행에서..

오늘 여행에서..

Day ________ Date ________________

Route

영수증이나 입장권을 붙여주세요

Time Line

06:00

오늘 여행에서..

오늘 여행에서..

Day ________ Date ______________

Route

영수증이나 입장권을 붙여주세요

Time Line

06:00

오늘 여행에서..

오늘 여행에서..

Day

Date

Route

영수증이나 입장권을 붙여주세요

Time Line

06:00

오늘 여행에서..

오늘 여행에서..

제주도에서 가장 오래된 목조 건축물,

관 덕 정

보물 제322호
제주 제주시 관덕로 19
064-710-6717

관덕정에 대해 얼마나 알고 계시나요? 아는 대로 적어보세요.

관덕정을 왜 만들었을까요?

그 이유는 관덕정이라는 말에서 찾을 수 있습니다.
관덕은 〈예기〉 중 '사자소이관성덕야(射者所以觀盛德也)라는
'활을 쏘는 것에서 큰 덕을 볼 수 있을 것이다.'에서 유래되어 무예를 익혀
적으로부터 나라를 지키는 일의 중요성을 강조하는 말이에요.

제주를 지키기 위한 병사들의 훈련장으로 사용하기 위해 만들어졌다는 것을
알 수 있어요. 훈련장 이외에도 행사, 회의, 과거시험을 치르던 곳이에요.
그뿐만 아니라 진상할 말을 점검하던 곳이기도 했답니다.
관덕정은 그야말로 제주의 문무를 다지던 곳이라고 할 수 있어요.

일제 강점기에 일제는 제주목 관아지에 있는 관아를 모두 철거합니다.
하지만 관덕정만은 철거하지 않고 그대로 사용했는데요.

이때 제주의 바람을 이기기 위해 처마 끝을 길게 만든 지혜를 모르는 일본이
관덕정 처마 끝을 잘라버렸어요. 다행히 보수공사를 통해 원래 길이를 되찾았고,
지금 모습은 1969년 다시 복원된 모습입니다.

관덕정은 중요한 보물이지만 내부를 개방하고 있어요.
관덕정 안으로 들어가 단청을 살펴볼까요.

무엇이 보이나요?

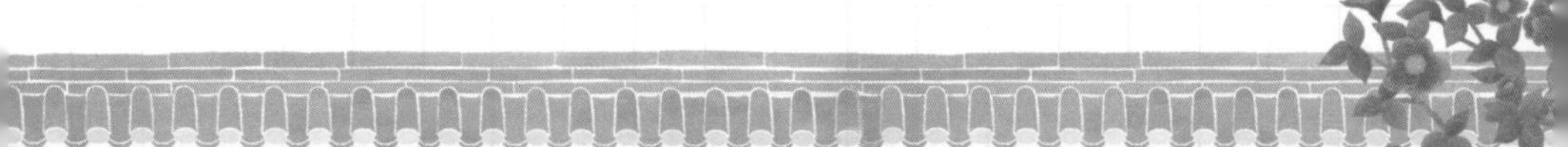

탐라형승(耽羅形勝)이라고 쓰인 커다란 편액이 보이시나요?

탐라는 제주를 뜻하고 형승은 경치가 매우 아름답다는 뜻이에요.
이 편액은 1780년(정조 4년) 김영수 목사가 65세에 쓴 글씨입니다.

늦었다고 생각해서 포기하고 있는 일이 있나요?

지금이라도 당장 그 일을 시작해 보는 건 어떨까요?

그 위로 호남제일정(湖南第一亭)라는 편액을 확인할 수 있어요.
1882년 고종 19년 박선양 목사가 쓴 편액입니다.
외세의 침략이 잦았던 우리나라는 나라를 지키기 위해서는 호남이 중요했어요.
호남제일정이라는 뜻은 이러한 호남에서도 가장 뛰어난 정자라는 뜻입니다.
단청을 천천히 살펴보면 편액뿐만 아니라 벽화를 발견할 수 있습니다.

어떤 벽화가 먼저 보이시나요?

가장 마음에 드는 벽화는
어떤 이야기가 담겨있는 벽화일지
상상해서 적어보세요.

벽화를 그린다면
어떤 벽화를 그리고 싶은가요?

관덕정에 앉아 광장을 바라보세요.

지금은 평화롭게만 보이는 관덕정 광장에서 역사적으로 비극적인 사건이 두 번 일어났어요.

첫 번째 아픈 역사는 이재수의 난입니다.

1901년에 있던 이재수의 난은 제주도민과 천주교도 사이에 일어난
충돌 사건이에요. 고종이 프랑스에서 온 신부에게 "여아대"라는 패를 주었는데요.
이 패는 '나를 대하듯이 대하라'는 뜻이었어요. 세금 징수하는 일을 맡았던
봉세관 강봉헌은 왕이 하사한 여아대를 가지고 다니는
천주교도들을 데리고 다니면서 부당한 세금을 징수하며 도민들을 핍박합니다.
천주교에 대한 감정이 나빠진 도민들이 대정읍에 모여 목사에게 폐단을
시정할 것을 요구하는 집회를 열었어요. 이 사실을 알게 된 천주교 프랑스 신부는
명월성에서 도민들을 향해 공격했어요. 수많은 제주도민이 피해를 보았지요.
이때 이재수는 관덕정에서 무장 투쟁을 하게 되고 관덕정 광장에서 교인들을
척살해요. 이는 국제 문제로 퍼지면서 핵심 인물이던 이재수는 사형당하게 됩니다.

Memo

또 다른 슬픈 역사는 4.3사건이에요.

1947년 제주북초등학교에서 열린 3.1절 기념행사 날,
기마경찰의 말굽에 아이가 치이게 됩니다.
군중들은 어린아이의 사고에 항의하며 기마경찰을 쫓아가고,
경찰은 군중들을 향해 총을 쏘죠.
6명이 사망하고 8명이 크게 다쳐요.
사망자 중에는 젖먹이 아기와 엄마도 있었어요.
분노한 도민들은 평화시위를 이어가지만 1948년 4월 3일 ~ 1954년 9월 21일
무력 충돌과 진압 과정에서 주민들이 희생당해요.
미군정은 제주를 빨갱이의 섬으로 낙인하고 도민들을 무차별적으로 학살했어요.
3.1절 기념행사일에 관덕정에서 발생한 발포 사건만 없었어도
4.3은 일어나지 않았을 수도 있지 않을까요?
7년이나 이어진 제주의 비극적인 역사가 기마경찰의 진심 어린 사과 한마디에
일어나지 않았을 수 있었다고 생각하면 안타깝기만 합니다.

Memo

지금 진심을 담아 사과하고 싶은 일이 있나요?

미안한 마음을 전하지 못하고 있다면,
지금 마음을 담아 사과해 보세요.

To.

To. 나에게

미안해…

역사적으로 비극적인 사건도 있었지만, 관덕정은 제주도민들의 삶이
이어지는 곳입니다. 제주 최초 오일장이 열린 곳,
입춘굿의 명맥을 이어가고 있는 곳이 바로 관덕정입니다.
제주에서 가장 큰 행사인 [탐라 문화제] 퍼레이드의 시작 지점이기도 하죠.
오랜 시간 동안 제주도를 지킨 관덕정은 제주도민들의 삶에
깊숙이 들어와 있는 장소입니다.

Memo

鎮海樓

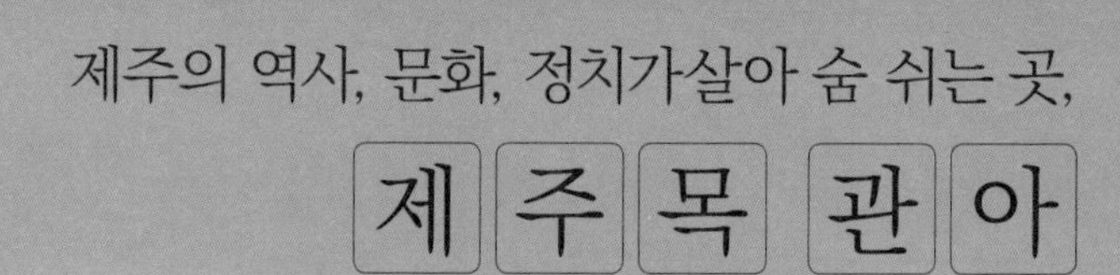

제주의 역사, 문화, 정치가살아 숨 쉬는 곳,

제주목관아

제주 제주시 관덕로 25
064-710-6717
반려동물 입장 불가

제주목 관아는 과거 제주도 행정중심지이던 관아 터입니다.
지금 목 관아 건물들은 [제주목 관아 복원 사업]으로
2022년 12월 복원된 모습이에요. 일제강점기에 일제는 관덕정을 제외한
목 관아의 모든 건물을 훼철하고, 일본 청을 세웠어요.
그 후 행정기관들을 이전하고 1991년 목 관아 부지가 주차장 건설을 계획으로
시굴 조사가 시작됩니다.

제주대학 조사단은 1991년 10월부터 1998년 7월까지
4차례의 발굴 조사를 진행했는데요.

탐라 시대부터 조선시대에 이르는 여러 문화층이 발견되면서 이곳이 고대부터
조선시대까지 제주도의 정치, 행정, 문화의 중심지였다는 것이 밝혀졌어요.
1천여 년에 걸친 유물들과 제주목 관아 건물 배치까지 확인할 수 있게 된 거죠.

전국적으로 조선시대 관아가 복원된 사례가 없어요. 제주목 관아는
조선시대 관아를 체계적으로 복원했다는 점에서 역사적, 학술적으로
의미 있는 장소입니다. 그뿐만 아니라 제주목 관아 복원 과정에서 사용된
기와 5만여 장은 도민들이 헌와한 기와가 사용되었어요.
복원을 위해 도민들이 뜻을 모았다는 점에서 더욱 의미가 있습니다.

이제 제주목 관아로 들어가 볼까요?

제주목 관아에 들어서면 연못이 눈에 띕니다.
그 앞에 보이는 건물, 목 관아에서 제일 먼저 만나는 건물이 바로 우련당입니다.
1526년 중종 21년 이수동 목사가 연못을 만든 후 세운 정자로
연회 장소로 사용하던 곳이에요. 우련당에 얽힌 제주에만 있는 속담이 있어요.

"양대수 개구리 미워하듯 한다."

이 속담의 뜻은 까닭 없이 어떤 사람을 미워할 때 쓰는 속담이에요.
양대수 목사는 개구리 우는소리가 시끄럽다는 이유로 연못을 메워버렸어요.
그 후 양대수 목사는 연못을 메운 후 3개월 만에 낙마 사고로 죽게 되고
1735년 영조 때 김정 목사가 부임하며 연못을 다시 조성했어요.

아무 이유도 없이 미운 사람이 있나요?

미운 것만 생각하면 미운 점만 눈에 보이기 마련입니다.
그 사람을 생각하면서, 그 사람의 장점 3가지를 적어보세요.

미운 사람의 장점 3가지

관청 안에 연못을 왜 만들었을까요? 이유를 생각해보고 적어보세요.

관청 안에 연못은 두 가지 목적으로 만들어진다고 해요.
적이 침입하여 포위했을 때 식수원으로 사용하거나 화재가 발생했을 때
소화 용수로 사용하기 위해서예요.
개구리 소리처럼 사소한 문제로 연못을 없애기에
관청 안 연못의 목적이 매우 중요해 보입니다.

우련당 뒤로 목 관아에서 가장 화려한 건물이 있습니다.
바로 홍화각인데요. 홍화각은 '임금의 어진 덕이 백성들에게 두루 미친다.'라는 뜻이에요. 가장 크고 웅장하고 위엄있는 건물이기 때문에 탐라고각(耽羅古閣)이라고 불리기도 했어요.
홍화각은 군사 업무를 하던 절제사가 사무를 보는 곳으로 제주에서는 제주목사가 군사 업무도 함께 담당했기 때문에 제주목사이자 절제사로 겸직하는 경우가 많았어요.
홍화각이라는 현판은 1435년 만들어졌어요. 제주 출신 중 가장 높은 관직에 올랐던 고득종이 쓴 편액으로 추정하고 있어요. 고득종은 조선 전기 문인으로 조선시대 한성부 판윤, 지금으로 치면 서울특별시장에 오른 분입니다.
이 현판은 우리나라에 남아있는 제작 연도를 아는 현판 중 가장 오래된 현판이에요. 보존 가치가 매우 높기 때문에 현판의 진품은 삼성혈에 보관되어 있어요.

그 뒤로 연희각이 보입니다. 연희각은 제주목사가 업무를 보던 관청 건물이에요.
제주목사는 고려시대에도 간헐적으로 파견되었지만, 1393년 조선 왕조에 들어서서
여의손 목사를 시작으로 총 286명의 목사가 부임했어요.
평균 목사의 재임 기간은 30개월로 규정되어 있었는데 제주목사의 평균 기간은
약 1년 8개월에 불과했어요.

Memo

제주목사 중에 알려진 목사는 누가 있을까요?

기건 목사는 1443년 부임해서 3년간 제주목사로 재임했어요.
제주 진상품인 전복을 해녀들이 힘들게 따는 모습을 보고 제주목사로 있는 동안은 물론 재임 기간이 끝난 후에도 전복을 먹지 않았다고 해요.
또, 우리나라 최초로 한센병 치료소를 만들어 나병 환자를 치료했어요.
100여 명의 환자를 수용하고 많은 수의 환자를 퇴원시켰다는 기록이 왕조실록에 남아있습니다.
이약동 목사는 한라산 백록담에서 산신제가 이루어질 때 한겨울 산신제 때문에 사람들이 죽고 다치는 것을 보고 도민들의 고통을 덜기 위해 제단을 지금의 산천단인 한라산 중턱으로 옮겼어요. 재임 기간 동안 자신이 입었던 의복을 비롯하여 백성들이 선물한 말채찍까지 두고 갔을 정도로 청렴한 분이라는 기록이 남아있습니다.

반면, 백성들을 착취하던 제주목사들도 있습니다.

제주는 바다 건너섬이다 보니 제주목사로 부임한다는 것은 좌천되는 것이었고,
진상품을 많이 보내 다시 육지로 가고 싶은 생각이 있었을 거예요.
제주목 관아에 유일한 2층 건물 망경루에서 그 마음을 느껴 볼 수 있어요.
지금은 건물에 가려 볼 수 없지만 그 당시에는 망경루에서
바다를 바로 볼 수 있었어요. 육지에서 온 제주목사가 처음 부임하면
망경루에 올라 임금이 있는 한양을 바라보며 절을 올렸다고 합니다.

망경루라는 뜻도 서울을 바라보는 누각이라는 뜻입니다.
뿐만 아니라 망경루는 왜구가 침입하는지 감시하는 역할도 했어요.

과거에는 탐관오리의 횡포를 막을 힘이 백성에게 없었지만,
지금 우리는 부정부패를 막기 위해 노력할 수 있습니다.

부정부패를 막기 위해 우리가 할 수 있는 일은 무엇일까요?

Memo

귤림당은 귤나무가 숲을 이룬 곳에 있는 집으로 뒤로 귤밭이 펼쳐져 있어요.
귤림당은 제주목사가 휴식을 취하던 곳으로 책도 읽고, 시도 쓰던 곳이에요.
탐라순력도를 보면, 귤림풍악이라 하여 제주목사가
제주성의 북과원에서 풍악을 즐기는 장면을 그린 그림을 확인할 수 있어요.

영주협당은 목사를 보좌하는 군관들이 근무하던 관청이에요.
일제강점기 영주협당 자리에 일제가 제주도 경찰서를 세우게 됩니다.
1999년 영주협당을 복원했지만, 제주목 관아지 밖에는 아직 복원이 안 된
영주관 터가 있어요. 정확한 위치를 알지 못해 아직 복원을 못하고 있는 것이죠.
영주관은 귀빈들이 제주에 오면 머물던 객사였습니다.
제주목 관아의 당시 모습 그대로 복원할 수 있었던 것은 탐라순력도 덕분인데요.

탐라순력도는 누가 그렸을까요?

탐라순력도는 1702년 이형상 제주목사가 제주를 돌아보고
그 내용을 그림으로 남긴 총 43면으로 구성된 기록 화첩이에요.

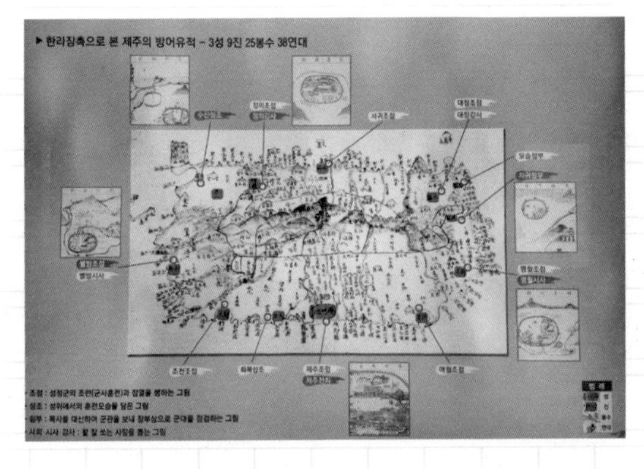

제주목 관아의 구조와
건물 명칭까지 남아있어.
탐라순력도를 바탕으로
제주목 관아를
복원할 수 있었어요.

망경루 1층 체험관에서
탐라순력도를
확인하실 수 있어요.

탐라순력도가 없었다면, 제주목 관아를 그대로 복원하기 어려웠을 거예요.
그만큼 역사적으로 기록은 매우 중요합니다.

오늘 하루 나만의 역사를 기록해 보면 어떨까요?

사관(역사의 기록을 담당하여 역사의 초고를 쓰던 관원)이 되었다는 생각으로
나의 하루를 객관적으로 기록해 보세요. 

봄 · 가을 선조들이 모여
활쏘기와 연회를 베풀던 곳,

향사당

제주 제주시 중앙로 12길 29
064-710-6717

향사당은 조선시대 은퇴한 관리들이 모이던 향청이에요.
원래 향사당의 위치는 가락천 서쪽이었다는 기록이 있는데
정확한 위치를 알 수 있는 기록이 없어요.
지금의 향사당은 삼도이동, 관덕정에서 가까운 곳에 있습니다.
골목 안, 나무에 가려 있는 향사당은 일부러 찾아가지 않으면 지나치기 쉬운데요.
밖에서 보는 모습과 향사당 안에서 느껴지는 모습이 사뭇 다릅니다.

향사당은 어떤 곳이었을까요?

향사당을 둘러보세요. 어떤 것들이 느껴지시나요?

보이는 것

들리는 것

느껴지는 것

향사당의 이전 명칭은 '유향소'였어요.
고려 말 은퇴한 정치인들이
모임을 하기 위해서 만들었는데,
유향소는 '고향에 머무른다.'는 뜻이에요.
벼슬에서 은퇴한 관료들은 유향소를 통해
주도권을 유지하길 원했고
관료들 가르치려 들거나 능멸하는 모습을
보이기도 하고, 혹은 관료들과 결탁하여
백성들을 괴롭히는 일이 발생하기도 했어요.
권력 남용이 이어지니 조선 태종,
세종 시기에는 유향소를 없애기도 하는 등
폐지와 부활을 반복합니다.

앞선 시대를 살아간 웃어른의 지혜를
인정하고 존경하는 마음을 가져야 하겠지만,
가끔은 그 마음이 지나치게 요구되어
젊은 세대에게 장벽이 되기도 합니다.

어떻게 하면 이전 세대와 다음 세대가
서로 존중하고 협력할 수 있을까요?

웃어른에게 삶의 지혜를 배운 경험이 있나요?

젊은 세대의 새로운 아이디어나 관점에 감탄한 경험이 있나요?

지금 향사당에 자리를 잡은 것은 1691년 숙종 때예요.
성종 시기에 유향소를 향사당으로 변경하고 숙종 때 지금의 위치로 옮겼어요.
그러면서 중국 주나라 제도를 따라 풍속을 교화하고
덕을 실천하는 기관으로써 관청의 보좌 역할도 수행합니다.
향사당은 활을 쏘고 책을 읽고, 연회를 베풀고 향리의 문서를 보관하는 곳으로
봄, 가을에는 활쏘기와 연회를 진행하면서 당면 과제나 민심의 동향을 살피는
역할을 수행했어요.
유향소가 처음 생길 때는 제주목사와 관료들을 견제하는 기능을 했는데
나중에는 수령을 보좌하는 기능으로 변화된 것이죠.

200년 전까지도 향청의 모습을 유지하던 향사당은
근대화 시기에 여러 신부님의 임시 숙소로 변화하다
제주 최초 여성 교육기관 '신성 여학교'로
변모했어요. 당시 여성 교육기관이 생겼다는 것은
매우 획기적인 일이었어요.
강평국, 고수선, 최정숙 지사님이 신성 여학교
1회 졸업생으로 이곳에서 학문했어요.
이 세분은 제주 독립운동에서 빼놓을 수 없는
독립운동가이자 제주 근대화를 이끈 분들이에요.
일제강점기에 들어서자, 일제는 재학생이 70명이던
신성 여학교를 강제 무기 휴교시키고 결국 폐교하고
맙니다. 그리고 향사당을 다른 용도로 사용하는데요.
이름을 '본원사'로 바꾸고 일본식 불교 사찰을 만들고 유골 안치소로 사용해요.
광복 이후 향사당은 개인이 소유하게 되면서 20여 년간 사설 체육관으로
운영되다가 지금은 제주특별자치도 유형문화재 제6호로 지정되어 보호되고 있어요.

원도심에 있는 관덕정, 제주목 관아, 향사당을 둘러보세요.
과거를 알면 현재를 이해하고
현재를 알면 미래를 예측할 수 있습니다.
옛 제주의 정취를 느낄 수 있는 그곳에서
제주의 역사를 알게 되면 제주를 더 잘 이해하게 될 거예요.

과거를 아는 것만큼이나 미래를 아는 것도 중요합니다.

나의 10년 후는 어떤 모습일까요?
10년 후 모습을 상상하며 적어보세요.

10년 후 나에게 편지를 써보세요.

To. 나에게

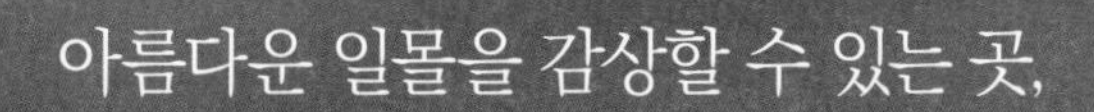

아름다운 일몰을 감상할 수 있는 곳,

수월봉

제주 제주시 한경면 고산리 3760
064-772-3334
입장료 무료
주차장 있음
반려동물 동반 가능

수월봉은 약 18,000년 전 뜨거운 마그마가 물을 만나 폭발적으로 분출하면서
만든 고리 모양 화산체의 일부예요. 분출한 화산재는 기름진 토양이 되어
신석기인들이 정착할 수 있는 삶의 터전이 되어 주었어요.
정상에는 띠, 새, 억새와 더불어 해송, 까마귀쪽나무 등이 서식하고 있으며,
가파른 절벽에는 물수리, 매, 바다직박구리, 흑로, 가마우지, 칼새 등이
서식하고 있어요.

수월봉은 해발 77m 높이의 작은 언덕 형태의 오름으로
제주 서쪽에 위치하고 있어 일몰이 아름답기로 유명한 장소예요.
수월봉 전망대 바로 아래까지 차로 이동할 수 있어서 걷기 불편하신 분이나
어린아이와 함께 여행하시는 분들도 전망대에 쉽게 오르실 수 있는
좋은 여행지입니다.

수월봉 전망대 정상에는 수월정이 있어요.
과거에는 기우제를 지내던 곳인데 지금은 여행객들의 휴식 공간이 되어 줍니다.
수월정에 앉아 차귀도 섬을 내려다보며 잠시 휴식을 취해보세요.
사방에서 불어오는 시원한 바람을 맞으며
차귀도, 송악산, 단산, 죽도까지 한자리에서 둘러보세요.

수월봉이 주는 풍경을 바라보며 고요함과 아름다움을 느끼다 보면
삶의 어려움과 모든 걱정이 사소하게 느껴지기도 합니다.
어니 J 젤린스키는 그의 저서 「느리게 사는 즐거움」에서
걱정에 대해 다음과 같이 말해요.

"우리가 하는 걱정의 40%는 절대 일어나지 않을 일이고,
30%는 이미 일어난 일에 대한 걱정이다.
22%는 사소한 걱정이며, 4%는 우리가 통제할 수 없는 걱정이다.
즉 단지 4%만이 우리의 힘과 노력으로 통제할 수 있는 걱정인 것이다."

걱정이 있으신가요?

걱정이 있다면, 적어보세요.
걱정을 적어 보면서 절대 일어나지 않을 일은 아닌지,
이미 일어난 일은 아닌지,
사소한 걱정이나 통제할 수 없는 걱정은 아닌지 생각해보세요.
그러다 보면, 지금 하는 걱정에 대해 내가 해야 할 행동은 무엇일지
명확하게 알 수 있을 거예요.

내가 하고 있는 걱정

내가 할 수 있는 행동

화산학 교과서,
수월봉 지질트레일

제주 제주시 한경면 노을해안로 1013-70
064-722-3334
입장료 무료
반려동물 입장 가능

지층을 보고 든 생각

수월봉에서 내려와 해안절벽을 따라 드러난 화산재 지층을 보며 걸어보세요.

수월봉 지질트레일은 지층 속에 남겨진 다양한 화산퇴적물을
눈으로 확인할 수 있어요. 그만큼 화산학 연구에 중요한 역할을 하고 있어
화산학 교과서로 불리기도 합니다.

트레일 코스를 따라 걸어볼까요?

바다가 내려다보이는 첫 번째 쉼터를 지나 조금 걸어 내려오면
갱도 진지를 만날 수 있어요. 이곳은 태평양 전쟁 당시
일본군이 만든 군사시설입니다.

갱도 진지를 만들기 위해 지층을 훼손한 모습을 보니 마음이 아픕니다.

갱도 진지를 보고 느낀 점

태평양 전쟁 당시 일본군은 제주도에 수많은 군사시설을 만들었어요.
제주도 내 370여 개의 오름 가운데 갱도 진지 등의 군사시설이 구축된 곳은
약 120여 곳이나 됩니다. 수월봉 해안에는 미군이 고산지역으로 진입할 경우
갱도에서 바다로 직접 발진하여 전함을 공격할 수 있도록
일본군 자살 특공용 보트와 탄약이 보관하는 곳을 사용되었어요.

수많은 나라의 침략을 겪어오던 우리나라는 1910년 일본에 나라의 주권을
완전히 빼앗깁니다. 그 후 가혹한 시련을 겪게 되죠.
1945년 8월 15일, 마침내 광복을 맞이하지만 전쟁이 끝난 기쁨도 잠시,
5년 만인 1950년 6월 25일, 또다시 한국전쟁이 치르게 됩니다.

전쟁이 많았던 우리나라에서 선조들은 전쟁 기간 동안 어떤 삶을 살았을까요?

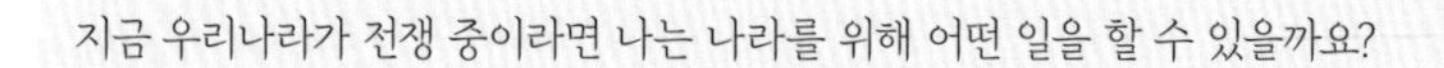

지금 우리나라가 전쟁 중이라면 나는 나라를 위해 어떤 일을 할 수 있을까요?

우리는 여전히 분단국가이고, 전쟁의 위험이 완전히 사라진 것은 아니지만, 전쟁을 겪지 않고 살아가는 시대에 태어나 살고 있는 것은 감사한 일입니다.

사소한 일에도 감사한 마음을 가져보는 건 어떨까요?

오늘 하루 감사한 일은 무엇인가요?

내가 가장 감사하게 생각하는 사람은 누구이며, 그 이유는 무엇인가요?

고 마 워

나 자신에게 감사한 마음을 가져보세요.

나 자신에게 감사한 점은 무엇인가요?

수월봉 해안절벽을 따라 걷다 보면 벼랑 곳곳에서
'녹고물'이라는 약수터를 발견할 수 있어요.
이 샘을 '녹고물'이라고 부르는 데에는 슬픈 설화가 전해 내려옵니다.

어떤 이야기일지 상상해 보세요.

누이를 목 놓아 부르는 동생의 눈물

의좋은 남매였던 수월이와 녹고는 홀어머니와 함께 살고 있었어요.
어느 날 어머니가 병에 걸리자 수월이와 녹고는 약초를 찾아 나섭니다.
마지막 약초를 구하지 못하던 수월이와 녹고는 절벽 중간에 자라고 있는
마지막 약초를 발견합니다. 녹고의 손을 잡고 벼랑을 내려가
마지막 약초를 손에 넣는 순간 녹고의 손을 놓친 수월이가
절벽 아래로 떨어져 죽고 맙니다. 누나의 죽음을 슬퍼하던 동생 녹고도
한없이 눈물을 흘리다 죽고 말죠. 그 후로 사람들은 수월봉 절벽에서
흘러나오는 물을 "녹고의 눈물"이라 부르고 남매의 효심을 기려
이 언덕을 "녹고물 오름" 혹은 "수월봉"이라 불렀습니다.

어머니를 위해 약초를 찾아다닌 수월이와 녹고의 효심이 갸륵하고
남매의 죽음이 안타깝기만 합니다.

가족을 위해 나는 어떤 일을 하고 있을까요?

가족을 위해서
나를 희생해 본 적이 있나요?

그 일을 희생이라고 생각하는
이유는 무엇인가요?

그때 기분이 어땠나요?

그때로 돌아간다면,
같은 선택을 할 건가요?

멋진 풍경을 바라보며 가족들을 생각하니
떠오르는 것이 있나요?

수월봉에서 가족을 생각하니 떠오르는 것

가족 중 가장 고맙거나 미안한 사람은 누구인가요?

지금 당장 용기를 내어 그분에게 마음을 전하세요.
하고 싶은 말을 적어보고 전화를 걸어보세요.

하고 싶은 말

제주 속 작은 제주,

한림공원

제주 제주시 한림읍 한림로 300
064-796-0001
매일 9:00 ~ 17:30 (3~5월/9~10월)
매일 9:00 ~ 18:00 (6~8월)
매일 9:00 ~ 16:30 (11~2월)
반려견 7kg 미만 동반 가능

무에서 유를 창조하는 개발 정신

© 한림공원 홈페이지

한림공원은 1971년 송봉규 창업자가 협재리 바닷가의 10만여 평의 황무지 모래밭에 야자수 씨앗을 파종하고 관상수를 심어 가꾼 공원이에요.

지금은 꽃과 나무가 가득한 이곳이
황무지였다는 것이 믿어지세요?

한림공원의 개척 약사를 살펴보면 송봉규 창업자는 일찍이 제주도의 발전은 관광 산업이 열쇠라는 확신을 가지고 있었다고 해요. 일본으로 건너가 일본의 고적과 관광지를 조사하고 정보를 수집한 그는 제주도 내 세계적인 관광 명소를 개발하기로 결심합니다. 탐색 끝에 신비로운 동굴, 아름다운 해변이 어우러져 있는 곳, 그의 고향이기도 한 이곳을 찾아내어 관광 명소로 발전시켰어요.

그가 발견한 이 땅은 사진에서 보는 것처럼 황무지였어요.

© 한림공원 홈페이지

이러한 땅을 봤다면,
관광 명소로 거듭날 공원을 상상하며
도전할 수 있을까요?

지금 하고 있는 일은 무엇인가요?

그 일에 대해 어떤 생각을 가지고 있나요?

좋은 점

나쁜 점

지금 하는 일에 단점이 많다면 하나씩 새로운 일에 도전해보는 건 어떨까요?

‘나비효과’라는 말이 있어요. 나비의 작은 날갯짓이
지구 반대편에서 태풍이 될 수 있다는 말로 아주 작은 변화가
엄청난 결과로 이어지는 현상을 말해요.

이처럼 지금 하고 있는 아주 사소한 도전이 미래의 나에게
큰 영향을 가져올지 모릅니다.

사소한 일이라도 괜찮아요.
무엇인가 새로운 일을 시작한다는 것 자체로
멋진 일입니다.

최근 새롭게 시작한 일이 있나요?

새롭게 시작하고 싶은 일이 있나요?

테마1. 아열대식물원

아열대식물원에서는
세계각국에서 수집한 3천 여종의 아름답고
희귀한 식물을만날 수 있어요. 야자수정원,
열대과수온실, 관엽온실, 선인장온실, 허브원,
용설란원 등 다양한 식물이 있답니다.

우리나라에서 만나기 어려운
열대지방의 이국적인 식물들을
한림공원 아열대식물원에서 만나보세요.

© 한림공원 홈페이지

© 한림공원 홈페이지

앗!
악어와 앵무새를 만나도
놀라지 마세요.

Memo

테마2. 야자수길

야자수와 선인장으로 조성된 야자수길을 걸어보세요.
지금 걷고 있는 이 길에 있는 야자수가 1971년 모래밭에 심은
씨앗이었다는 것이 믿겨 지시나요?

© 한림공원 홈페이지

무슨 일이든 작은 것에서 시작하는 거예요.
지금 당장 성과가 보이지 않는다고 해서 포기하지 마세요.
지금 하는 작은 실천이 미래의 나를 만들어 줄 거예요.

테마3. 산야초원

산야초원으로 올라가는 길은 돌하르방이 지켜주고 있어요.

돌하르방의 표정과 몸짓을 천천히 살펴보세요.

올라오는 길에 있던 돌하르방은 모두 몇 개였을까요?

다양한 표정과 몸짓의 돌하르방을 관찰하셨나요?

나와 닮은 돌하르방을 발견하셨나요?
마음에 든 돌하르방을 그려보세요.

테마4. 협재굴·쌍룡굴

한림공원에 동굴이 있다는 것 아시나요?

한림공원에 있는 동굴은 용암동굴이면서도 석회동굴에서만 볼 수 있는 석순과 종유석들이 자라고 있어요. 한라산이 폭발하면서 용암이 흘러내려 검은색 용암동굴이 형성되었어요. 용암동굴의 천장과 벽면으로 석회수가 스며들어 황금빛 석회동굴로 변해가고 있답니다.
이러한 특징 덕분에 천연기념물 제236호로 지정되어 보호받고 있어요.

가끔은 여러 가지 매력을 지닌 사람들이 부럽기만 합니다.
내가 가진 매력은 어떤 것들이 있을까요?

지금부터 자신의 매력을 찾아보세요.

테마5. 제주석분재원

© 한림공원 홈페이지

다양한 분재 작품과 희귀한 자연석을 감상해 보세요.

제주석분재원은 분재와 돌을 소재로 구성된 테마공원입니다.
남미 아마존 강에서 채취한 대형 기암괴석과
분재 작품들이 어우러진 모습이 색다른 멋을 연출합니다.
분재 수령이 적게는 10년에서 많게는 300년에 이른다고 해요.

테마6. 재암민속마을

© 한림공원 홈페이지

한림공원 속 작은 마을, 재암민속마을을 찾으셨나요?

재암민속마을은 제주 전통 초가의 보존을 위해서
제주도 중산간 지역에 있던 실제 초가를 원형 그대로 복원했어요.
옛 제주의 모습을 감상할 수 있답니다.
돌하르방식당에서 제주흑돼지철판구이와 녹두빈대떡을 드셔보세요.

테마7. 사파리조류원

한림공원의 사파리조류원에서
울타리 밖을 돌아다니는
공작새를 쉽게 만날 수 있습니다.
공작새 외에도 앵무새,
호로조와 한국 꿩, 그리고 타조를
가까이에서 보실 수 있어요.

© 한림공원 홈페이지

공작새가 말을 할 수 있다면, 무슨 말을 하고 싶을까요?

테마8. 재암수석관

© 한림공원 홈페이지

돌에 관심이 있다면 재암수석관을 놓치지 마세요.
재암수석관에는 현무암, 용암석, 화산탄 등 제주도 특유의 수석은 물론
국내외 다양한 수석과 화산석, 광물, 화석 등을 전시하고 있어요.

국내 다른 지역에서는 볼 수 없는 화산섬인
제주만의 돌을 마음껏 관찰해 보세요.

테마9. 연못정원

© 한림공원 홈페이지

천연 용암 암반 위에 자연지형을 최대한 살린 연못정원이에요.
연꽃과 수련 등 다양한 수생식물이 자라는 이곳은
7월~8월에 방문하시면 연꽃축제를 즐기실 수 있습니다.

눈을 감고 폭포 소리를 들어보세요.

어떤 느낌이 드나요?

한림공원에 들어온 순간부터 지금까지 보고 듣고 느낀 것들을 떠올려보세요.

본 것

들은 것

느낀 것

어떤 것이 가장 기억에 남나요?

천 년의 숨결이 살아 숨 쉬는 곳,
비 자 림
제주 제주시 구좌읍 비자숲길 55
064-710-7912
매일 9:00~18:00 (입장 마감 17:00)
무료 주차 / 입장료 있음(도민무료)
반려동물 출입 불가

사람들이
가장 고민하는 문제는
무엇일까요?

바로 인간관계라고 합니다.
사람은 다른 사람들과
얽히고설켜 살아가는 존재라
인간관계에서 오는 문제는
우리에게는 숙명과도 같습니다.

사람과의 관계가 힘들 때 자연의 품에서
조용히 쉬고 싶다고 생각한 적이 있나요?

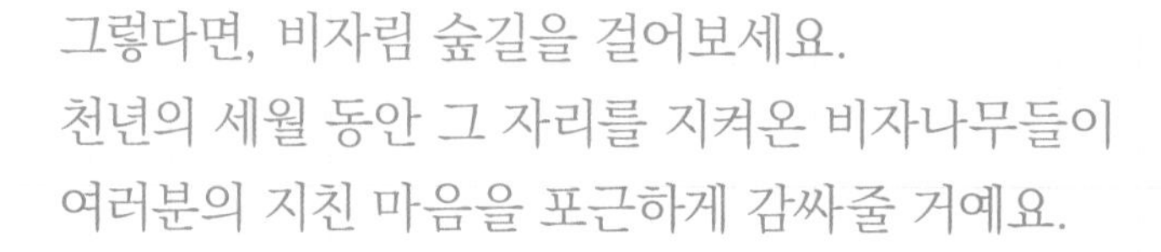

그렇다면, 비자림 숲길을 걸어보세요.
천년의 세월 동안 그 자리를 지켜온 비자나무들이
여러분의 지친 마음을 포근하게 감싸줄 거예요.

탐방해설사의 해설을 듣고 비자 숲을 걸어보세요.

내가 그의 이름을 불러 주었을 때 그는 나에게로 와서 꽃이 되었다는 김춘수 〈꽃〉이라는 시처럼, 비자나무에 대해 알면 더욱 친근한 마음으로 비자숲길을 걸으실 수 있을 거예요.

탐방 해설 프로그램

오전: 9시 10분, 9시 30분, 10시, 10시 30분, 11시, 11시 30분
오후: 12시, 12시 30분, 1시, 1시 30분, 2시, 2시 30분, 3시

비자림에는 커다란 나무들만
자생하지 않아요.
우리 인간이 다양한 모습으로
살아가듯 풍란, 콩짜개란,
비자란 등 아기자기한 식물들도
비자림에 함께 살고 있답니다.

콩짜개란이 비자나무처럼
크게 자라기를 바란다면
어떻게 될까요?

남들과 다른 내 모습에 열등감을 느낀 적이 있나요?

사 랑 해

있는 그대로 나 자신을 사랑해 보세요.

나를 사랑할 이유를 적어보세요.

첫째,

둘째,

셋째,

그러므로 나는 나를 사랑한다.

비자림 숲길 입구에는
재선충병 방제 작업으로 잘린
곰솔이 있어요.
표지판의 안내에 따라
곰솔의 나이테를 세어보세요.

곰솔은 몇 년을 산 나무일까요?

비자림 숲의 비자나무들은 500~800년은 살았다고 해요.

2000년 1월 1일에 새로 맞이한 밀레니엄을 기념하며
"새 천년 비자나무"를 지정했어요. 비자림에 있는 다른 나무들을 제치고
가장 웅장하고 멋있단 이유로 지정된 새 천년 비자나무가 궁금하시나요?

새 천년 비자나무는 800년을 넘게 살았다고 하는데요.
100년을 사는 우리 인간에게 800년이라는 시간은 까마득하게만 느껴질 뿐
실제로 와닿지 않는 시간입니다.

그 긴 세월 동안 비자나무는 어떤 것을 보고 느끼며 살았을까요?

800년을 산다면 어떤 것들을 하며 살고 싶나요?
하고 싶은 일을 모두 적어보세요.

800년을 함께하고 싶은 사람이 있나요?
그 사람과 함께 하고 싶은 이유는 무엇인가요?

뿌리가 서로 다른 두 개의 나무가 한 나무로 자라는 나무를 보신 적이 있나요?

이렇게 두 개의 나무가 하나 된 나무를 연리목이라고 하는데요.
서로 껴안고 있는 듯한 이 연리목을 비자림에서 보실 수 있어요.

가까이 자라던 작은 두 나무가
점점 자라면서 줄기를 맞닿았어요.
두 나무가 서로 경쟁하며 자랐다면
두 나무 중 한 나무는 분명
죽었을 거예요. 하지만 두 나무는
함께 자라는 방법을 선택했어요.
서로 부딪힌 부분이 붙어
서로의 줄기와 가지가 이어졌어요.

그렇게 두 나무는
혼자 사는 방법이 아닌
함께 사는 방법을 선택했어요.

경쟁 속에 삶이 지친적이 있었나요?

내가 더 가지려고 경쟁하는 삶을 살고 있으신가요?
경쟁을 멈추고 연리목처럼 함께 사는 방법으로 살아가는 건 어떨까요?

맨발 걷기를 해본 적 있나요?

국일미디어에서 출간한 「맨발로 걸어라」 책에서는 맨발로 땅을 밟으면
땅속의 음(-) 전하를 띤 자유전자가 몸으로 올라와 우리 몸의 면역력을 높이고
각종 만성질병과 현대 문명병을 치유한다고 설명하고 있어요.
맨발로 흙을 밟는 것만으로도 우리는 오랫동안 건강한 삶을 살 수 있어요.
하지만 막상 맨발 걷기를 실천하려고 해도 땅을 밟을 수 있는 곳이
많지 않은 것이 현실입니다.

비자림에서 맨날 걷기를 실천해 보는 건 어떤가요?

비자림을 걷다 보면 맨발 걷기를 하는 사람들을 만날 수 있을 거예요.
맨발 걷기를 해보고 싶었지만, 용기가 없었던 분은 비자림에서 맨발 걷기에
도전해 보세요. 비자림 입구에는 맨발 걷기를 하는 분들을 위해
발을 씻을 수 있는 수도가 설치되어 있어 용기만 있다면 맨발 걷기에
도전할 수 있습니다.

맨발이 땅에 닿았을 때 감촉은 어떠한가요?

맨발 걷기를 한 소감은 어떠한가요?

신발을 벗고 맨발로 땅을 밟으며 걷는 일은 누군가에게는 쉬운 일이지만
누군가에게는 어려운 일이 될 수 있어요. 몸이 아프거나 스트레스가 많은 사람은
맨발로 흙을 밟으며 걷는 것이 지압판 위를 걷는 것처럼 아플 수도 있다고 합니다.

남들이 어려워하는 일을 쉽게 해낸 적이 있나요?

남들에게 어려운 일이 나에게 쉬운 것.
그것이 당신의 재능 일 수 있어요.

남들이 어려워하는 일을 쉽게 해낸 경험을 적어보세요.

비자림에는 돌로 만든 의자가 많아요.

편안한 마음으로 휴식을 취하기도 책을 읽으며 쉬어가기도 좋습니다.

숲의 소리와 비자나무 향기를 맡으며 책을 읽어보세요.

비자림에서 읽고 싶은 책

비자림에서 생각한 것

Memo

도심 속 휴식처,

사라봉

제주 제주시 사라봉길 61
064-728-3605
입장료 없음
반려견 입장 가능

사람이 없는
오름이나 올레길을
걸으며 무서움을
느낀 적이 있나요?

그렇다면, 제주시 도심에 위치한
사라봉을 걸어보세요.
제주공항에서 동쪽,
구제주에 위치한 이곳은
시내권에 있어 많은 제주도민이
평일에도 운동하기 위해 방문하는
동네 뒷산 같은 오름이에요.
언제 가도 사람들과 함께
걸을 수 있는 오름이랍니다.

제주국립박물관에서 우당도서관 방향으로 올라가는 길가에 주차장이 있어요.
무료 주차장이라 편하게 이용하시면 됩니다.
주차장에서부터 사라봉을 향해 올라가다 보면 갈림길을 마주하는데요.
한쪽은 사라봉으로, 다른 쪽은 별도봉으로 가는 길이에요.

어느 쪽 길을 선택할지 망설여지시나요?

망설일 필요 없어요.
어느 쪽을 선택하든 그 길에서 마주하는 모든 것이 멋진 경험으로 남을 거예요.

인생의 갈림길에서 중요한 선택을 한 경험이 있나요?

어떤 일이었나요?
그 선택의 결과는 어땠나요?

사라봉은 20분이면 정상까지 오르는 가벼운 등산 코스 오름이고
바닥이 블록으로 정비되어 있어서 유모차도 오를 수 있어요.

유모차나 휠체어를 이용하신다면 우당도서관 방면에서 오르셔야 합니다.
반대쪽에는 계단이 있어요.

일몰이 지는 시간에 맞춰 사라봉에 올라 보세요.
사라봉 정상에서 바라보는 일몰은 사봉낙조(紗峰落照)라 하여
제주의 열두 가지 아름다운 풍광인 영주십이경 중 하나예요.

사라봉에서 바라보는 일몰은 바다와 어우러져 멋진 장면을 연출한답니다.
사라봉 정상에 있는 팔각정에 올라 제주시, 한라산, 제주 바다를 감상해보세요.

일몰을 바라보고 있으니 어떤 생각이 드나요?

오늘이 인생의 마지막 날이라면 어떤 하루를 보내고 싶은가요?

마지막 날이라고 생각하고 하고 싶은 말을 적어보세요.

반짝이는 별이 바다에 떠 있는 곳,

별도봉

제주 제주시 화북일동 4472
064-728-3605
입장료 없음

사라봉에서 노을을 감상했다면 이번엔 별도봉을 걸어보세요.
해가 진 후에 걷는 별도봉은 바다와 어우러진 야경을 선물합니다.

별도봉 산책로에는 제주항을 내려다보고 앉을 수 있는 벤치가 여러 곳 있어요.

잠시 벤치에 앉아 먼바다를 바라보세요.

먼바다 위에서 조업 중인 고깃배가 바다 위에 떠 있는 별처럼 빛납니다.
바다 위에 배는 언제나 선장이 조정하는 방향으로 이동합니다.

당신의 인생은 어떤가요? 당신 인생의 선장은 누구인가요?

사라봉에서 제주항 쪽으로 내려오면 산지 등대가 있어요.
산지 등대가 무인화되면서 등대지기가 살던 공간이 카페로 재탄생했답니다.
산지 등대 카페인 카페 물결이 운영하는 시간에만 개방하고 있으니
낮 시간에 사라봉을 방문하게 된다면 카페 물결을 방문해 보세요.

이번 여행에서 나의 마음을 채워줄
이야기를 찾아보는 건 어떠신가요?

제주항이 내려다보이는 특별한 책방에서 나만의 책을 찾아보세요.

내가 고른 책

책제목 :

지은이 :

분　야 :

고른 이유 :

가장 좋아하는 책

읽고 싶지만,
아직 읽지 못한 책

5분 만에 오르는 오름,

도두봉

제주특별자치도 제주시 도두동 산 1
무료 주차
반려동물 가능

도두봉은 5분 만에 정상에 닿을 수 있는
경사가 완만한 오름이에요.
그렇다고 정상에서 보는 장면이
시시할 거라고 생각하신다면
정상에서 깜짝 놀라실 거예요.
도두봉은 동네 산책로처럼 가볍게 오를 수 있지만
정상은 사방이 탁 트인 곳이에요.

Memo

한 쪽으로는 제주 공항 활주로가 보여서
비행기가 뜨는 모습을 한라산을 배경으로
볼 수 있고, 다른 쪽으로는 바다를 볼 수 있어요.
하루 종일 앉아서 경치를 즐기기 좋은 곳이랍니다.

도두봉에 오르는 길은 3곳 있어요.
그중 무지개 해안도로 방향과
도두항 방향에서 오르시면 무료 주차할 수 있어요.

무지개를 본 적 있나요?

무지개가 뜬 하늘을 보고 다가가면 무지개는 그만큼 뒤로 물러납니다.
마치 우리가 평생 쫓고 있는 꿈 같아요.
닿을 듯 닿을 듯 닿지 않는 거리에 있는 무지개만 따라가셨다면
이번에는 가까이에서 무지개를 볼 수 있는 무지개 해안도로를 방문해 보세요.

푸른 바다를 바라보고 무지개 위에 앉아
일곱 가지 이루고 싶은 꿈을 적어보세요.

어느 길로 도두봉을 올라야 할지
고민되시나요?

도두봉으로 오르는 길은 여러 군데지만
올라가며 보는 경치만 조금 다를 뿐 결국 정상으로 이어집니다.
인생도 그런 것 같아요.
도두봉으로 오르는 길이 여러 곳인 것처럼
인생의 길은 때로는 여러 갈림길과 선택의 고민으로 가득 차 있습니다.
어떤 길을 선택해야 할지 망설이는 순간이 있지만
결국 모든 길은 정상으로 통하게 됩니다.

이 길이 맞는지 끊임없이 의심하고 있는 일이 있나요?

도두봉은 "조선시대 위급을 알리던 도원 봉수대 터"입니다.
밤에는 횃불로 낮에는 연기로 위험을 전했는데 평시에는 한 번,
적선이 나타나면 두 번, 해안에 접근하면 세 번,
상륙 또는 해상 접전하면 네 번, 상륙 접전하면 다섯 번 올렸다고 해요.

이곳에서 동쪽으로
사라 봉수대,
서쪽으로 수산 봉수대와
교신할 수 있었어요.

지금처럼 통신이 자유롭지 못하던 시절 횃불이나 연기만으로
소통을 해야 하니 봉수대를 지키던 사람들의 노고가 느껴집니다.
지금은 휴대폰이 있어서 언제든지 멀리 있는 사람들의 안부를 물을 수 있지만
오히려 마음이 가까운 사람들에게는 자주 연락을 하지 않는 것 같아요.

누가 내 마음과 가장 가까이 있나요?

지금 바로 떠오르는 사람에게 전화를 걸어보세요.
그 사람에게 하고 싶은 말은 무엇인가요?

비행기가 이륙하는 장면을 보면 어떤 생각이 드시나요?
비행기가 이륙하는 순간 자유와 설렘이 느껴지시나요?

도두봉 정상은 한라산을 배경으로 날아가는 비행기와 함께
사진을 찍을 수 있는 곳이랍니다.
앗~ 비행기가 떠오르는 장면을 놓쳤다고요?
걱정하지 마세요.
도두봉 정상에서는 수없이 날아오르는 비행기를 감상할 수 있어요.
때로는 기회를 놓쳐 후회하는 일이 있지만
그런 경험이 미래에 더 나은 선택을 할 수 있게 도와주기도 합니다.

도두봉에서 이번 여행을 돌아보며
여행의 마지막 페이지를 채워보세요.

이번 여행에서 가장 기억에 남는 곳은 어디인가요?

가장 기억에 남는 이유는 무엇인가요?

여행하며 깨달은 것은 무엇인가요?

나디아(김용원)

도서 인플루언서. 두 아이를 키우는 엄마로서 인생의 전환점을 맞이하였다. 내가 진정 좋아하고 잘할 수 있는 일을 찾으며 책을 읽고 글을 쓰기 시작했다.

현재 네이버 도서 인플루언서로 활동하며 <나디아의 책읽는여행> 블로그를 운영하고 있다. 소상공인시장진흥공단의 신사업 창업사관학교에 선정되어 네이처마인드를 설립했고, 읽고 쓰고 여행하며 성장하는 경험을 제공하기 위해 다양한 상품과 프로그램을 기획 · 운영하는 일을 하고 있다. 2024년 제주 로컬크리에이터 기업으로 선정되어 <제주 여행 다이어리 꾸미기> 상품을 개발 중이다.

제주 여행 사색 노트
초판 1쇄 발행 2024년 9월 9일
저자 나디아(김용원)
펴낸곳 네이처마인드
출판등록 제651-2024-000052호(2024년 8월 19일)
이메일 : ywkim0327@naver.com
인플루언서 홈 : in.naver.com/ywkim0327
인스타그램 : www.instagram.com/nadia_booktrip
ISBN 979-11-989005-0-0